COMITÉ LINIER DE LA SEINE-INFÉRIEURE.

TRAITÉ PRATIQUE

DE LA

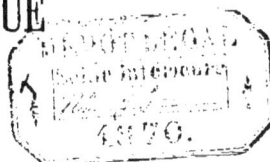

CULTURE DU LIN

DANS LE

Département de la Seine-Inférieure.

ROUEN,

IMPRIMERIE DE HENRY BOISSEL,

RUE DE LA VICOMTÉ, 55.

—

1869.

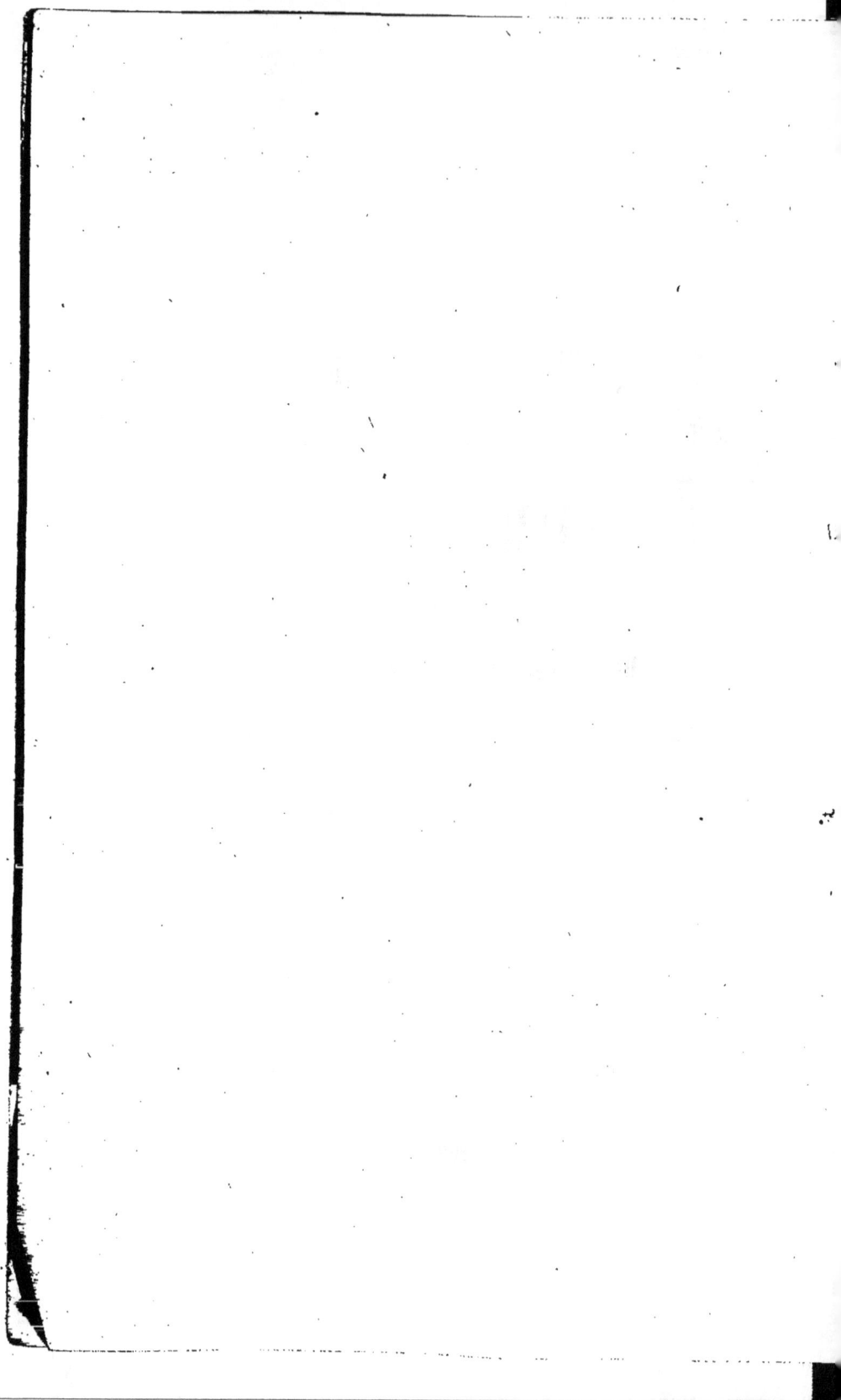

AVANT-PROPOS.

La première édition du Traité pratique de la culture du Lin dans la Seine-Inférieure, tirée à 1,500 exemplaires, étant épuisée, et de nombreuses demandes étant adressées journellement au Comité linier, il a été décidé qu'une seconde publication serait faite.

Tout le monde s'accorde à dire que par suite du mauvais procédé de fanage usité dans le département et du chauffage au fourneau qui en est la conséquence, la récolte du lin dans les années ordinaires subit dans notre département une détérioration qui se traduit par une perte de 600,000 à 1,000,000.

Le Comité s'est créé pour remédier à cet état de choses, en introduisant dans le pays, par l'exemple, les procédés de culture et de travail usités dans le département du Nord ; dans ce but il a fait venir des ouvriers expérimentés qu'il a mis à la disposition de tous. Les nombreux essais qui ont été faits depuis trois ans, ont suffisamment prouvé que nos lins, bien traités, peuvent surtout, comme finesse, rivaliser avec ceux des pays les plus favorisés.

La réforme la plus importante est, sans contredit, celle du fanage qui se fait surtout dans l'arrondissement du Havre, où les arracheurs ont l'habitude de lier le lin de la manière la plus déplorable, car en supposant qu'un hectare produise 400 bottes de lin de 30 poignées chacune, les ouvriers ont à lier 12,000 poignées ; outre le déchet du lin employé à faire les liens, il y a une perte de temps considérable ; de plus, les poignées liées étant jetées par terre, l'air ne circule pas et, quand il pleut, l'intérieur noircit et s'échauffe. Le côté exposé à la pluie subit un commencement de rouissage, puisqu'en attendant la maturité de la graine, elles restent exposées en faisceaux pendant trois ou quatre semaines ; il en résulte deux sortes de dommages.

L'un pour le marchand qui ne peut exposer au rouissage que des lins inégalement fanés et qui à l'emploi ne donnent qu'une marchandise inégale, incapable de supporter le teillage froid, de là l'obligation de le sécher au fourneau. Perte de poids, perte de force et de qualité.

L'autre beaucoup plus important qu'on ne le croit, généralement pour le cultivateur :

Pendant le long temps où le lin arraché reste sur terre jusqu'à la maturité de la graine, le champ est envahi par de mauvaises herbes qui portent graine et épuisent la terre.

Par le procédé pratiqué dans le Nord, au bout de huit à dix jours au plus, la terre est débarrassée, le lin mis en meule est sauvé, et le cultivateur peut semer un pâturage.

Dans leur intérêt, les cultivateurs ne doivent pas perdre de vue que les cultures industrielles, le lin en particulier, sont indispensables pour conserver les ouvriers dans la campagne. Cette culture donne, avant et après la récolte des céréales, un travail rémunérateur dans ces conditions et qui peut être évalué à 2,000,000 dans les bonnes années.

Les pays qui n'ont pas cet avantage et qui ne peuvent occuper les bras que pendant un mois ou deux de l'année sont obligés de recourir aux ouvriers étrangers ; outre la grande difficulté de les trouver au moment opportun, ils faut les payer plus du double que dans notre pays. Cette difficulté est même un obstacle à la location avantageuse des grandes fermes dans certaines contrées.

Quelques propriétaires sont persuadés qu'il ne faut pas encourager la culture du lin, parce qu'elle est épuisante. C'est à tort, puisque suivant les instructions du Comité, les fermiers ne doivent s'y livrer que sur des terres riches, profondément amendées et en petite quantité, le lin ne devant reparaître dans l'assolement que tous les neuf ou douze ans

Que les insuccès de ces dernières années ne découragent personne. L'importation augmente progressivement, et les besoins croissants de la filature assurent à nos produits un débouché rémunérateur. Depuis vingt ans, le prix des lins sur pied a doublé, il augmentera encore au profit de l'agriculture sans être onéreux pour le teilleur, si on continue à perfectionner la culture et le travail ; que chacun en fasse peu et bien, le sol et le climat de notre pays sont favorables à cette culture qui, nous n'en doutons pas, deviendra une des premières ressources de l'agriculture du département.

Culture propre à remplacer le lin en cas d'insuccès.

Quelques personnes ayant essayé de semer du chanvre sur une récolte de lin manqué, ont parfaitement réussi. Comme on sème ce textile dans les derniers jours de mai et dans les premiers jours de juin, cette culture sera une précieuse ressource pour les cultivateurs dont les lins mal réussis à cette époque, doivent être remplacés.

Cette culture n'exige qu'un labour large et peu profond. La végétation du chanvre, rapide et vigoureuse, dispense du sarclage.

La filature de nos contrées emploie de grandes quantités de chanvre. Les cultivateurs qui en auront à vendre, pourront s'adresser au Comité qui leur donnera le moyen d'en trouver le placement.

COMITÉ LINIER

DE LA SEINE-INFÉRIEURE.

———~⚬~———

En publiant les divers extraits des rapports des sous-commissions de chaque arrondissement, le Comité linier a pour but de donner aux cultivateurs du département les renseignements les plus nécessaires pour obtenir les meilleurs résultats.

Les trois dernières années qui viennent de s'écouler ont été défavorables à la récolte du lin, c'est le moment d'avoir confiance en l'avenir ; car si la température défavorable a contribué aux insuccès, il ne faut pas se dissimuler que, dans certaines parties du département, l'inexpérience des cultivateurs, le mauvais choix des graines, un mauvais assolement, des labours peu convenables et surtout le défaut d'engraissement des terres ont été en partie les causes des fâcheux résultats obtenus.

D'ailleurs, le moment serait mal choisi pour abandonner la culture du lin : trois mauvaises récoltes ont fait disparaître tout stock ; les prix sont aujourd'hui fort élevés et l'on peut affirmer, sans crainte de se tromper, qu'ils resteront élevés pendant plusieurs années et seront largement rémunérateurs.

C'est pour remédier à ces inconvénients que le Comité linier s'est formé : il a pour mission d'encourager les cultivateurs à persévérer dans la culture de ce textile, qui pendant de nombreuses années a donné d'excellents résultats malgré le peu d'expérience qu'ils avaient, eux et les ouvriers chargés de la manutention du rouissage et du teillage. Si, au lieu d'avoir trois mauvaises années consécutives, nous avions réussi, qui peut calculer l'énorme extension que la culture du lin eût prise dans notre département ? Les rouissages et teillages mécaniques se seraient montés sur tous les points et cette industrie eût pris un très grand développement. Loin de là, le découragement est partout, et en beaucoup d'endroits on parle d'abandonner cette culture et les industries qui s'y rattachent, sans songer qu'elle seule aujourd'hui peut retenir les populations rurales contre le courant qui les entraîne vers les villes.

On sarcle et on arrache les lins dans un moment où le cultivateur n'a point de travaux pressants ; le rouissage et le teillage se font dans les campagnes pendant l'hiver, et procurent ainsi un salaire très rémunérateur à un grand nombre d'ouvriers dans la plus mauvaise saison. Ne fût-ce qu'à ce point de vue, la culture et le travail du lin sont à encourager, car c'est une des meilleures ressources à ménager contre l'émigration.

Tout le monde sait combien les grandes industries en perfectionnant leur matériel ont diminué le nombre des emplois d'hommes, elles n'occupent guère que des femmes et des enfants. Il en résulte une égalité de salaire entre le père et les enfants, le teillage n'employant exclusivement que des hommes, l'extension de cette industrie contribuerait à rétablir une meilleure organisation de la famille.

D'un autre côté, il ne faut pas perdre de vue que le sol de notre département produit des lins d'une qualité tout exceptionnelle. Le Comité espère, si ses conseils sont entendus, qu'il nous sera facile d'obtenir pour nos lins des placements tels, que nous pourrons rivaliser avec les départements du Nord, qui doivent leur richesse au développement des cultures industrielles et du lin en particulier.

Assolement.

La rotation d'assolement qui ramène le lin sur la même terre doit être de neuf ans au moins.

Les meilleurs composts pour le semis du lin sont :

1° Après herbages rompus ;
2° Seigles et vesces récoltés ;
3° Carottes et pommes de terre ;
4° Blés succédant aux trèfles.

On ne tient pas assez compte de la différence qu'il y a entre une terre fumée et labourée avant l'hiver et celle qui n'est travaillée que dans les mois de février et mars. L'une, bien ameublée et friable, est bien disposée à recevoir les semailles ; de plus, les mauvaises graines qu'elle renferme ont le temps de germer avant les derniers labours et ne reparaissent plus en aussi grand nombre dans le lin ; l'autre, au contraire, reste froide et compacte, elle s'encroûte après la pluie ; les mauvaises herbes prennent le dessus et nuisent au développement du lin.

Après herbages rompus un seul labour suffit, il doit

être fait au mois de décembre. Dans les autres assolements, la première préparation consiste à labourer légèrement, *aussitôt que possible* après l'enlèvement de la récolte ; avant toute autre façon, il faut répandre le fumier avant les labours du printemps et n'employer que des engrais bien consommés. Aussitôt que le temps le permet, il faut enfouir l'engrais par un labour léger.

Quant au dernier labour qui précède les semailles, il doit être fait aussi profondément que possible.

Avant de semer, il faut bien briser la terre et répandre, avant les semailles, environ 100 kilogr. de bon guano du Pérou, par hectare ; afin de faciliter ce travail, on peut mêler pareille quantité de plâtre avec le guano.

Lorsqu'on a recouvert la terre par deux hersages très légers, il faut attendre qu'elle soit bien blanche pour y passer le rouleau.

Il est difficile de préciser l'époque des semailles ; le plus tôt est le mieux, mais il ne faut pas perdre de vue que, pour que cette opération soit faite dans de bonnes conditions, il ne faut pas d'excès d'humidité dans la terre.

Dans le département de l'Eure, dans le Lieuvin et plus particulièrement dans la plaine du Neubourg, les cultivateurs étendent sur le semis une légère couche de fumier long, ce qui protège la jeune plante contre le froid et l'intempérie de la saison.

Dans le Nord, quand il s'agit de remplacer du trèfle ou un herbage par du lin et qu'on ne doit faire qu'un seul labour en novembre ou décembre, on fixe à la charrue une razette qui précède le soc, enlève la surface et dépose le gazon au fond de la raie ; du moment où la verdure est recouverte, cela suffit, car on sait par expérience que le labour le moins profond est le meilleur.

On recommande également comme une précaution très essentielle de faire des sillons d'écoulement ; ce travail fait à la main, de 8 à 10 mètres de distance, coûte de 16 à 18 fr. par hectare; le défaut de soin à cet égard peut occasionner de grands dommages. (*Extrait de la brochure du Comité linier*).

Choix de la Graine.

Il faut faire le classement des graines dans l'ordre suivant :

1° Graine de Riga en barils enrobés, 1re qual. puick.

2° — — — . couronne.

3° Graine après tonne ou graine d'un an récoltée dans le pays, ou de préférence dans les départements du Nord, quand on est sûr de l'origine.

Il faut rechercher les graines d'une teinte claire , d'un volume uniforme , lourdes , luisantes, sans odeur de moisi ni d'acide. Il faut faire un essai germinatif avant de semer : le moyen le plus simple est de mettre sur un drap mouillé , que l'on conserve toujours humide à une bonne température , un peu de graine de lin. Au bout de vingt-quatre heures, en général, si la graine est bonne , elle doit entrer en germination ; si, au contraire, il y a un intervalle de quatre à cinq jours entre les diverses graines, on peut considérer la semence comme appartenant à deux récoltes différentes.

On ne saurait apporter trop de soin à bien nettoyer la graine avant de la semer, ce qui malheureusement n'a pas lieu partout. On trouve dans un rapport adressé au Comité linier :

« Dans notre arrondissement, on n'apporte pas assez « d'attention à une condition sans laquelle on ne peut « avoir de succès : on va chez un grainetier, qui a « souvent mêlé dans ses sacs des graines de toutes prove-

« nances, qui lèvent inégalement; ou bien, si l'on achète
« des barils, on n'a pas d'ouvrier capable pour les cri-
« bler, et on les sème tels quels : l'herbe prend le dessus,
« et la récolte de lin est manquée. »

La graine de lin dégénère très vite : il ne faut semer
que des graines de deux ans au plus. Le meilleur moyen
quand on veut conserver de la graine de lin, c'est de la
laisser dans la capsule : on a soin de la passer au crible
avant de la mettre au grenier, dans un endroit sec, afin
d'en extraire la poussière et les mauvaises herbes. Quand
la graine a été battue, il faut la nettoyer parfaitement et
la mettre dans des barils, mélangée avec de la paille
courte, très propre et très sèche.

Le baril de Riga contient environ 105 litres ou 73 ^{k}. 50
de graine propre à semer, après un bon nettoyage

La quantité de semence à l'hectare doit varier suivant
l'époque des ensemencements.

Dans l'arrondissement du Havre :

1° Pour les premières semailles de mars aux premiers
jours d'avril, il faut à l'hectare :

En graine de Riga, valant de 50 à 75 fr. le baril, environ 250 litres, ou 180 kilogr.

En graine de pays, valant de 30 à 36 fr. l'hect., environ 275 litres, ou 200 kilogr.

2° Pour les semailles de fin avril au 15 mai :

A l'hectare en graine de Riga, 210 litres, ou 150 kilog.
— de pays, 235 — 170 —

Ne semer des graines de Riga que lorsqu'elles sont très
bonnes. Il vaudrait mieux semer de bonnes graines de
pays que des barils de qualité inférieure. Les lins semés
en mars jusqu'au 5 avril sont supérieurs en qualité et
en rendement aux tardifs : il faut donc donner la préférence à cette époque. Dans les terres fortes, quand on n'a

pas pu semer dans la première période, il vaut mieux attendre au 25 avril jusqu'au 4 mai.

On a remarqué que les lins semés entre ces deux
époques levaient rarement dans de bonnes conditions :
l'influence de la lune rousse, les gelées tardives et le
puceron sont à ce moment de nombreuses causes d'insuccès.

Dans les arroudissements de Dieppe et de Rouen :

En graine de Riga, on conseille de semer les lins du 5
au 25 avril : les résultats obtenus par les semis de cette
époque ont été généralement les meilleurs.

Il faut semer à l'hectare 2 barils 1/4, soit 185 kilog.
environ ;

Ou en graine de pays, 200 à 225 kilog. environ.

Dans l'arrondissement d'Yvetot :

On a esssayé presque toujours sans succès de semer le
lin en mars. L'expérience a démontré que la meilleure
époque était du 20 avril au 4 mai : les terres y sont plus
fortes que dans les environs du Havre. A cette époque, la
chaleur détermine une végétation rapide, et la jeune
plante, se développant plus vite, souffre moins des at-
taques du puceron.

Les quantités de graine à employer sont les mêmes que
dans l'arrondissement du Havre.

Le Comité linier de la Seine-Inférieure, à l'exemple de
celui de Lille, publiera chaque anuée la liste des impor-
tations directes et des importateurs de barils de Riga. Il
est à désirer que les barils soient plombés à la sortie de
Russie : cette formalité, qui ne coûte que 25 c. par baril,
empêche la fraude et le mélange de graines anciennes de
toutes provenances.

Les graines de mauvais aloi sont surtout offertes sur les
marchés où la culture du lin est nouvellement introduite.

Il en résulte des insuccès, et le cultivateur renonce pour longtemps à une culture qui demande de grands soins, il est vrai, mais qui le récompense largement de ses efforts, quand elle est faite dans de bonnes conditions.

Sarclage.

Le sarclage doit être fait le plus tôt possible et le plus complètement, dès que le lin a quatre ou cinq centimètres de hauteur. Il faut réunir le plus d'ouvriers que l'on peut.

Ce travail demande une grande surveillance.

Quand la plante est un peu haute, il faut engager les ouvriers à ôter leurs chaussures, comme on le fait dans le Nord, pour ne pas trop la briser. Autant que possible, il faut faire cette opération contre vent.

Un second sarclage est quelquefois nécessaire.

Quand il a été impossible de faire ce travail convenablement et que les mauvaises herbes prennent le dessus, il ne faut pas attendre qu'elles s'égrènent; dans ce cas, on choisit autant que possible un beau temps, on arrache le lin en doux, c'est-à-dire avant que la graine ne soit bien formée, et on l'étend tout de suite.

Après les herbages rompus, il n'y a presque jamais lieu à sarcler.

Le sarclage coûte de 40 à 50 fr. par hectare.

Récolte.

Il est impossible d'indiquer d'une manière précise l'époque la plus convenable pour effectuer la récolte. C'est ordinairement dans la dernière semaine de juin qu'on commence à arracher les lins en doux.

Dans l'intérêt du cultivateur et dans celui du fabricant, il importe d'arracher le lin avant qu'il ne soit arrivé à une maturité trop complète.

Le lin trop mûr ne produit qu'une filasse maigre, sans nature, d'un rouissage long et difficile.

Pour arracher le lin, on saisit une poignée sans en mêler les tiges, et on l'arrache en tirant un peu obliquement; on secoue les poignées afin de mettre chaque tige à sa place et de séparer la terre et les corps étrangers qui peuvent s'attacher aux tiges; quand la poignée est bien mise à pied, on la dépose sur le sol.

Cette opération importante n'est pas toujours bien faite dans l'arrondissement du Havre, il en est de même du fanage; le Comité indique aux cultivateurs les procédés usités dans le Nord et dans l'arrondissement de Dieppe.

Extrait d'une publication du Comité linier de Lille sur la culture du Lin :

« Quand le lin est arraché et déposé sur la terre par
« poignées, si le temps est beau, on doit en profiter pour
« le mettre tout de suite en *chaîne*. Pour commencer ce
« travail, un homme enfonce en terre une bêche; contre
« le manche, l'ouvrier appuie les premières poignées,
« graine contre graine; il continue cette espèce de haie
« en ajoutant de nouvelles poignées, qui lui sont avancées
« par deux enfants de douze à quinze ans, contre celles
« déjà en place, jusqu'à ce que cette moitié de chaîne
« soit terminée. Il prend alors quelques tiges de chaque

« côté et les lie ensemble pour fixer les dernières poi-
« gnées, après quoi il retourne à son point de départ,
« enlève la bêche et termine l'autre moitié de la même
« manière. On confectionne ces chaînes partout de la
« même manière, mais de différentes longueurs, suivant
« les habitudes des localités; ainsi, au nord de Lille,
« elles contiennent rarement plus d'une cinquantaine
« de poignées, et elles ont une étendue de 3 mètres
« environ.

« Autant que possible, on ne doit mettre le lin en
« chaîne que quand il est bien sec. L'ouvrier doit aussi
« avoir soin de ne pas trop serrer les poignées les unes
« contre les autres, afin d'éviter la fermentation et d'ac-
« célérer la dessiccation. Le lin reste dans cet état jus-
« qu'au moment où il peut être lié sans danger. Le mo-
« ment propice pour le mettre en gerbes étant arrivé,
« l'ouvrier prend sept ou huit poignées selon leur gros-
« seur, car il existe une différence notable entre celles
« cueillies par des hommes et celles cueillies par des
« femmes. Après les avoir bien secouées afin de débarras-
« ser la tige de ses feuilles et la racine de la poussière, il
« les place sur un lien fait avec de la paille de blé ou
« d'avoine. Ces gerbes liées ont environ 90 centimètres
« de tour. En ce moment le lin est sauvé, car on le met
« immédiatement en monts, et quoique ces monts soient
« d'une grande simplicité, le lin est assez renfermé pour
« pouvoir sans danger essuyer les intempéries. Voici, du
« reste, comment on procède à leur confection :

« On plante d'abord deux fortes perches de front, à un
« pied de distance, on répète la même chose à l'autre ex-
« trémité, et si la partie de lin est assez forte pour que ce
« mont prenne une grande étendue, on plante encore une
« perche sur la même ligne, de distance en distance, afin

« de consolider le bâtis. Alors on place sur le sol de
« grosses bûches de bois pour servir d'appui à une espèce
« de gîtage construit avec quelques fortes perches en
« sapin ou en autre bois, et sur lesquelles sont tassées
« sur leurs côtés les gerbes de la première rangée; de
« cette manière, le lin se trouve à une certaine distance
« du sol, et par conséquent garanti contre l'humidité.
« D'autres placent contre les premières perches trois
« gerbes de front et debout, et continuent ainsi en sui-
« vant la ligne indiquée par les perches jusqu'à l'autre
« extrémité, ayant soin de tasser les gerbes le plus forte-
« ment possible les unes contre les autres. Sur ces trois
« lignes de gerbes debout qui servent de pied, on en
« place d'abord cinq autres rangées en travers, de ma-
« nière que la première couvre entièrement la tête des
« gerbes déjà placées; on continue ainsi jusqu'à la cin-
« quième, en ayant soin de ne pas mettre deux gerbes
« dans le même sens, c'est-à-dire graine contre graine,
« pour éviter la réunion des capsules qui s'entremêlent
« facilement. Sur la cinquième rangée, on place une ligne
« de gerbes en long sur laquelle on appuie la sixième et
« dernière rangée, de manière que celle-ci se trouve in-
« clinée en forme de toit. On doit alors y placer des pail-
« lassons qu'on aura soin d'attacher en cas de vent. Il
« reste encore à prendre une précaution essentielle et
« qu'on néglige quelquefois, c'est de placer de chaque
« côté du mont de lin que l'on vient de construire une
« grande quantité d'appuyelles, afin qu'il puisse résister
« aux vents les plus violents.

« Le lin étant ainsi rangé, on peut attendre avec sécu-
« rité que la dessiccation soit complète et choisir le mo-
« ment le plus favorable pour le renfermer définitivement
« dans la grange.

2

« Dans l'arrondissement de Lille, quand le cultivateur
« vend son lin avant la graine, il le livre immédiatement
« en sortant du champ. S'il ne vend le lin qu'à livrer dans
« le courant de mai de l'année suivante, il renferme le
« lin, le bat pendant l'hiver et le tient en grange jusqu'au
« moment de la livraison. »

Extrait d'un Traité sur la Culture du Lin, par les mem-
bres de la Commission de l'arrondissement de Dieppe :

« Hommes et femmes peuvent se livrer à l'arrachage
« du lin à la poignée (si l'homme coûte plus cher, il fait
« plus de besogne, ayant la main plus grande et la poigne
« plus forte). Chaque poignée, avant de sortir des mains
« de l'ouvrier, doit être bien piétée ou pairée, ce qui
« s'obtient facilement en frappant deux ou trois fois le
« pied du lin contre terre ; puis, serrant fortement la poi-
« gnée vers le milieu, on secoue fortement la tête du lin
« horizontalement, de manière à bien démêler les tiges,
« qui doivent avoir à ce moment et conserver toujours un
« parallélisme complet, sans que les têtes soient mêlées.
« Cette opération est d'une importance considérable, en
« ce qu'elle facilite le travail du lin dans tous ses autres
« apprêts. En cet état, chaque poignée est déposée à
« terre, en javelles, comme l'avoine. Elle est étendue
« aussi peu épais que possible, de manière à couvrir
« toute la pièce de terre. La première javelle devra
« être déposée sur le champ, à 1 mètre environ de la
« raie ou de l'extrémité de la pièce, le pied du lin en
« dehors, de manière qu'après un séjour de quatre ou
« cinq jours de ce côté, il soit facile de retourner la ja-
« velle en la faisant évoluer sur le pied au moyen d'un

« bâton qui permet d'en saisir une certaine longueur. Ce
« travail ne coûte qu'environ trois heures à deux ouvriers
« pour 1 hectare.

« Les autres javelles suivront la première, en laissant
« seulement entre elles 10 à 15 centimètres de sépara-
« tion.

« Le lin retourné ainsi doit séjourner encore trois ou
« quatre jours sur le champ, pour terminer la fenaison
« qui doit être égale des deux côtés ; puis, après quelques
« heures d'un temps sec ou d'un beau soleil, on relève
« la récolte et on la met en bottes de dix à quatorze kilog.
« environ ; on la rentre tout de suite. Cette manière
« de récolter nous a paru la meilleure incontestablement,
« en ce que : 1° elle demande moins de temps et de frais ;
« 2° elle maintient, constamment, le parrallélisme des
« tiges, ce qui est précieux ; 3° en ce que le lin aura
« partout la même fenaison, la même siccité, la même
« couleur, et que, par cela même, il devra procurer
« une rouisson bien égale dans toutes ses parties. On
« objecte parfois, qu'en temps de pluie continuelle le
« lin pourrait se détériorer, c'est là une erreur grave ;
« il faut qu'on se persuade bien que l'eau n'est pas nui-
« sible au lin. elle l'avance seulement en rouisson, et
« lorsque la pluie a imprégné également chacune de
« ses parties, le lin n'a fait que s'avancer et est, par
« conséquent, d'un prix légèrement plus élevé. Le seul
« inconvénient de ce mode, quand la pluie est persis-
« tante, serait la perte d'une partie de la graine. »

Récolte de la Graine.

Deux modes sont également en usage :

Dans certaines contrées, on opère la séparation des capsules à l'aide d'une espèce de peigne fixé sur un banc ; deux ouvriers se placent sur les deux extrémités, s'y asseyent solidement en enfourchant le banc, de manière à tirer horizontalement chacun leur poignée de lin. Lorsque les capsules sont détachées, on les fait sécher, on les crible pour en tirer la poussière et les graines adventices, on les conserve ensuite pour les battre à l'approche des semailles : la graine dans les capsules se conserve deux ans.

L'autre procédé consiste à étendre les bottes sur des toiles et à détacher les têtes avec un battoir cannelé : ce mode est plus employé en Picardie et dans le Nord que dans notre département.

Rouissage.

Le Comité ne croit devoir s'occuper que du rouissage sur terre et du rouissage mixte sur terre et à l'eau dormante, les seuls praticables dans la culture ; le rouissage à l'eau courante est une véritable industrie qui nécessite des ouvriers spéciaux et expérimentés.

Le rouissage sur terre se fait à deux époques :

1° Aussitôt le lin égrené, il est porté à la campagne. Les terres les plus convenables pour l'étendre sont :

1° Les terres dépouillées de trèfle ;

2° Les jeunes trèfles ;

3° Les herbages non pâturés par les moutons.

Autant que possible, il faut éviter de mettre au rouissage sur les blés récoltés.

2° Le deuxième rouissage se fait en hiver, du commencement de janvier à la mi-février.

En cette saison, on peut étendre plus épais et laisser rouir franchement. Il est très rare qu'à cette époque les lins soient détériorés par un rouissage trop énergique.

Voici le mode de rouissage usité à Bergues : il est d'une application facile dans notre département.

Extrait de la brochure du Comité linier de Lille :

« Du moment où le lin est mûr, on l'arrache et on
« l'étend sur la terre jusqu'à ce que la graine soit bien
« sèche, en le retournant de temps en temps, surtout
« après une pluie, enfin que la tige soit également sèche
« du côté où elle touche à la terre et sur la partie expo-
« sée à l'air.

« Quand le lin est bien sec, on le renferme, on en
« extrait la graine et on en forme des bottes liées par les
« deux bouts, que l'on place au-dessus de l'eau et que
« l'on vient retourner tous les deux jours : on la laisse
« ainsi jusqu'à ce que le lin se sépare de la paille.

« Il est difficile de spécifier le temps pendant lequel on
« doit laisser le lin sur l'eau, car cela dépend du temps
« et de la température qu'il a eue au moment où il a
« été exposé sur terre ; si pendant cette période le lin a
« beaucoup souffert et a eu beaucoup d'eau, il est déjà
« assez avancé et il ne faut que quatre ou cinq jours
« pour finir le rouissage ; dans le cas contraire, il faut
« de vingt à trente jours, suivant la nature de l'eau du
« rouloir et de la température au moment du rouis-
« sage.

« Ce mode convient parfaitement pour achever de
« rouir les lins que les circonstances ont forcé de recueillir
« prématurément. »

Teillage.

Une des principales causes de la dépréciation du prix
des lins de Caux provient surtout du chauffage exagéré
que les ouvriers font subir au lin pour le teiller plus
facilement.

Il n'y a que le four, après qu'on en a retiré le pain, qui
sèche le lin sans nuire à sa qualité.

Tous les autres modes de chauffage le dénaturent. Il
existe à la ville d'Eu et en Hollande des moyens de sécher
le lin sans trop altérer la qualité : le Comité linier les
fera connaître plus tard.

Le broyage et le teillage dans l'arrondissement du
Havre se font mal et avec de mauvais instruments.

Le Comité fera tous ses efforts pour apporter à cette
branche de l'industrie linière, tous les perfectionnements
possibles.

En attendant, il faut que tous les teilleurs sachent bien
qu'il n'est psssible de vendre avantageusement que des
lins propres, et que quelle que soit la nature de la filasse,
elle doit être, en toute circonstance, de la plus grande
propreté.

Les teillages mécaniques sont appelés à un avenir pro-
chain : ils ne peuvent être alimentés que par des pailles
que les cultivateurs leur fourniront.

Afin d'être dans de bonnes conditions, ils devront surveiller l'arrachage et le fanage de leurs lins, de sorte qu'après le battage de la graine, ils puissent vendre leurs produits, bien fanés et bien classés, aux fabricants.

Tous ces soins de récolte leur coûtent bien moins cher qu'à ces derniers, qui, lorsqu'ils achètent sur pied, sont obligés à de coûteux déplacements pour eux et leurs ouvriers.

Cette économie et ces soins profiteront à la marchandise; de plus, en choisissant un moment propice pour arracher les lins, avant surtout qu'ils n'aient dépassé la maturité convenable, ils éviteront d'appauvrir le sol.

Les lins bien fanés seront toujours très recherchés: l'usage est de les payer comptant avant l'enlèvement; et dans beaucoup de cas les étrangers viendront chercher nos pailles de lin pour l'exportation, lorsqu'ils seront sûrs qu'elles ont été convenablement traitées.

Le Comité linier de la Seine-Inférieure fera venir du département du Nord, au moment de l'arrachage des lins, des ouvriers spéciaux pour s'occuper particulièrement de la récolte et du fanage des lins: ils seront mis à la disposition de MM. les présidents des Commissions d'arrondissement,

Pour l'arrondissement de Rouen, M. BADIN, filateur, à Barentin;

Pour l'arrondissement de Dieppe, M. LARIBLE, à Saint-Aubin-sur-Scie;

Pour l'arrondissement d'Yvetot, M. Félix TESNIÈRES, à Contremoulins;

Pour l'arrondissement de Neufchâtel, M. RASSET fils, à Montérollier;

Pour l'arrondissement du Havre, M. ROBERT, à Goderville.

Le Président délégué,
DE LA LONDE DU THIL.

Le Secrétaire de correspondance,   *Le Secrétaire,*
BIDARD.   LEFEVRE.

Nota. — Le Comité linier ne pouvait retarder cette première publication, l'époque des labours préparatoires et des fumures d'hiver étant arrivée.

Il publiera ultérieurement un complément d'instructions sur le rouissage et le teillage dans les exploitations agricoles.

RAPPORT

SUR LE

PRIX DE LA MAIN-D'ŒUVRE,

Par M. ROBERT,

Vice-Président.

Compte de revient des frais de 100 bottes de
lin ou 300 bottillons de 1/3 de botte.

Arrachage (*sans lier les poignées*).

L'arrachage se paye à raison de 10 c. la botte de 30 poignées, soit 10 fr. des 100 bottes.

Il y a une grande économie à ne pas lier les poignées;
1 hectare de lin fournit en moyenne 400 bottes, soit
12,000 poignées qui sont liées avec du lin, économie de
temps et d'argent.

Il faut surveiller l'arrachage avec grand soin pour que
le lin soit bien mis à pied et que les poignées soient d'une
grosseur convenable.

Quand il y a du petit lin de resté, on le fait recueillir

par un enfant ; cela vaut plus que les frais pour les bons lins.

Fanage.

On peut employer deux modes également avantageux.
L'étendage immédiat des poignées, qui coûte :

3 fr. 50 les 100 bottes ou 300 bottillons...		3 50
Pour tourner une fois, 1/2 jour de femme ..		» 75
Façon des lins, 300 à 30 c.....		» 90
Pour lier 300 bottillons, 1/2 jour d'homme à.............	1 25	
1/2 jour de deux enfants......:	1 »	2 25
Mise en mont, 1/2 jour de deux hommes...		2 50
Soit fr.... . .		9 90

Fanage par la mise en chaîne :

Soit pour 100 bottes, 1/2 jour à deux hommes...................	2 50	
1/2 jour de quatre enfants	2 »	4 40
Façon des liens, 300 à 30 c.......... ...		» 90
Pour lier, comme précédemment.........		2 25
Mise en mont, comme précédemment......		2 50
Soit fr..		10 05

Quelques jours après que le lin est arraché et qu'il est fané par l'un de ces deux procédés, on peut le mettre en mont ; alors il est sauvé, et le cultivateur peut labourer la terre plus tôt, ce qui est un avantage bien plus grand que beaucoup de personnes ne le supposent.

Ces labours, faits immédiatement après la mise en mont, empêchent les mauvaises herbes de se multiplier et préservent le champ de toutes les conséquences de cette multiplication fâcheuse qui produit l'appauvrissement du sol, en même temps qu'elle l'infecte de plantes parasites pour plusieurs années.

La mise en chaîne demande des ouvriers plus expérimentés; mais par ce moyen, la graine est mieux nourrie et la fanaison meilleure.

Extraction de la graine.

On emploie également deux procédés :

Le grageage du lin non lié coûte, par 100 bottes . . . . 6 »

Pour battre la graine et la nettoyer, on paie 1 fr. 70 de l'hectolitre; en supposant un rendement moyen de 2 hectolitres par 100 bottes. 3 40

Soit fr 9 40

Ce mode occasionne un déchet assez considérable, qui, dans certains cas et avec de mauvais ouvriers, s'élève à plusieurs bottes par hectare.

Par le maillage, qui coûte 2 fr. 50 par 300 bottillons ou 7 fr. 50 les 100 bottes 7 50

La graine est battue; je compte pour la nettoyer . . . . 1 »

8 50

En employant ce procédé, qui coûte moins cher, on évite le déchet du grageage, et l'étendage des lins maillés est plus facile.

Rouissage.

Il y a aussi deux modes à suivre.

Le rouissage à l'eau ne doit être employé que pour les lins de bonne qualité.

Rouissage sur terre.

Etendage de 100 bottes	3 50
Tourner 3 fois, à 0 fr. 15 l'une	2 25
Lier, 2 fr. 75	2 75
Soit fr	8 50

Rouissage sur terre, fini à l'eau.

Etendage	3 50
Tourner 2 fois	1 50
Lier en bonjeaux (petites bottes pour mettre à l'eau, 2 liens)	4 »
Façon de 600 liens à 30 c	1 80
2 bottes de paille seigle perdues par le rouissage	3 »
épartir et cahoter 300 bonjeaux	6 »
	19 80

Frais pour arracher, faner et rouir 100 bottes de lin.

SUR TERRE.		SUR TERRE ET A L'EAU.	
Arrachage.. ...	10 »	Arrachage......	10 »
Fanage........	10 »	Fanage...	10 »
Extraction de la graine	9 50	Extraction de la graine ....,..	9 50
Rouissage sur terre	8 50	Sur terre, fini à l'eau........	19 80
	38 »		49 30
Imprévu.	1 50	Imprévu......	1 50
Fr.	39 50	Fr.	50 80

Par bottes de 11 kilogr., Par botte de 11 kilogr.,
39 c. 1/2.   50 c. 1/2.

Pour bien se rendre compte en achetant, il faut, sur les évaluations du lin sur pied, ajouter ces prix de revient.

Pour les lins rouis sur terre, 0 fr. 39 c. par botte font au teillage pour ceux :

Qui rendent 1 kil. de lin teillé par botte.			0 39c. 1/2.
»	1 1/2	» »	0 26
»	2	» »	0 20
»	2 1/2	» »	0 16
»	3	» »	0 13

Pour les lins rouis sur terre et finis à l'eau, 0 fr. 51 c. par botte, font au teillage pour ceux :

Qui rendent 1 kil. de lin teillé par botte.			0 51c 1/2.
»	1 1/2	» »	0 34
»	2	» »	0 25 1/2
»	2 1/2	» »	0 20
»	3	» »	0 17

Comme le lin augmente de valeur en raison inverse de son rendement en poids, il importe beaucoup de n'acheter en terre que de bons lins, et d'éviter par tous les moyens possibles toute dépréciation en poids et en prix.

Teillage.

Les mauvais procédés de fanage et de rouissage rendent dans nos contrées le teillage à froid très difficile, sinon impraticable

Lorsque les lins seront préparés convenablement, avec un bon broyage, j'estime que le teillage à froid devra varier de 30 à 40 fr. les 100 kil., suivant le rendement des pailles ou des soins que certains lins fins exigeront.

Il n'est guère plus coûteux de faire bien que de mal faire, et je suis persuadé que des soins intelligents seront récompensés par une plus grande sécurité contre les intempéries et par une plus-value de 30 p. % au moins sur la valeur de la marchandise.

LETTRE

DE M. MARCHAND,

Membre correspondant de l'Institut de France, chimiste à Fécamp,

SUR L'EMPLOI DU SEL.

————◦————

A Monsieur Robert, vice-président du Comité linier
de la Seine-Inférieure.

Fécamp, le 21 octobre 1868.

MON CHER MONSIEUR,

Vous m'avez demandé de vous confirmer par une lettre, les détails que j'ai eu le plaisir de vous donner vendredi, sur la composition des cendres du lin et sur l'application que je conseille de faire à la culture de cette plante, des conséquences résultant de mes analyses. Je m'empresse de vous satisfaire sur ce point.

Le lin cueilli en doux, donne par kilogramme environ 40 grammes de cendres, dans la composition desquelles le chlore entre pour 1/8. Un kilogramme de graine de lin laisse à l'incinération plus de 36 grammes de substances minérales, dans lesquelles la soude est comprise pour tout près d'un sixième. Aucune autre graine produite par la grande culture ne contient une pareille proportion de cet alcali.

Or, le chlore et la soude sont les éléments du sel marin.

Je tire de là cette conclusion, que le lin doit réussir dans les terres suffisamment fertiles quand elles sont capables de mettre de suffisantes quantités de sel marin à la disposition de ses racines.

Cette condition favorable se rencontre dans les champs situés à peu de distance des bords de la mer. Dans ceux qui en sont éloignés, il faut au moment de l'ensemencement, et selon l'éloignement des bords de la mer, y en répandre de 50 à 100 kilogrammes avec la graine. Le sol de nos falaises reçoit, année moyenne, par les eaux pluviales qui l'arrosent, de 100 à 120 kilogrammes de cet agent que le commerce du poisson comme celui des cuirs, livrent à l'agriculture moyennant un prix insignifiant.

J'ai développé cette pensée dans mon étude statistique, économique et chimique sur l'agriculture du pays de Caux.

Un fait de même nature se reproduit dans la culture du colza, mais ce n'est point dans la graine de cette plante que les deux constituants du sel, — chlore et soude, — se condensent; c'est dans sa paille,

Quoi qu'il en soit, le sel est utile aussi pour la culture du colza, et c'est pour cela que cette plante oléifère donne ses meilleurs et plus abondants produits chez nos cultivateurs du littoral. Les terres éloignés des falaises fourniraient, sans doute, de meilleurs rendements, si on leur donnait aussi, à la fin de l'hiver, une centaine de kilogrammes de sel marin par hectare.

Telles sont, Monsieur, les conséquences qui découlent de mes essais. Je serais charmé, si vous pouviez en tirer un parti utile.

En attendant qu'il en soit ainsi, je vous renouvelle l'assurance de mes sentiments les plus dévoués.

Eugène MARCHAND.

DU ROUISSAGE

CONSIDÉRÉ

Dans ses rapports avec l'Hygiène et la Salubrité publiques.

———

Lu dans la séance générale tenue à Yvetot le 13 juillet 1869, par les délégués des Conseils d'Hygiène du département.

———◦———

MESSIEURS,

En réclamant l'insertion au programme de cette séance de l'étude des questions d'hygiène qui se rattachent au rouissage des plantes textiles, j'ai cédé au désir de provoquer, tandis que nous sommes réunis, la fixation définitive pour nous tous, des connaissances qui doivent dominer notre conduite et nos exigences, lorsque nous sommes appelés à éclairer l'administration sur les demandes en autorisation d'établir et d'ouvrir les ateliers dans lesquels on réalise cette opération.

Toutefois, ce n'est pas sans appréhension que je viens aborder ici ce sujet d'études, car, je n'ai à vous fournir que bien peu de renseignements appuyés sur mes observations personnelles ; et depuis longtemps, surtout depuis les travaux de Parent-Duchâtelet, mais particulièrement depuis la publication du remarquable rapport sur l'industrie linière présenté à S. Exc. le Ministre des Travaux

3

publics, par M. Théodore Mârault (1), rapport dans lequel
se trouve reproduit, *in extenso*, le mémoire du savant hy-
giéniste dont je viens de rappeler le nom, et dans lequel
se trouvent aussi accumulés les renseignements recueillis
par l'auteur dans la Vendée, puis en Belgique et en Hollande. il semble que notre opinion doit être bien fixée et
que la jurisprudence des conseils d'hygiène doit être parfaitement arrêtée! Malheureusement, il n'en est pas encore ainsi partout.

En effet, Messieurs, le Comité linier qui s'est constitué
dans notre département sous le patronage de la Société
centrale d'Agriculture, dans le but de lutter contre le découragement qui envahissait l'esprit de nos cultivateurs
à la suite des insuccès dont la culture du lin a été l'objet
depuis 1865, ce comité, dis-je, a reconnu et constaté que
les établissements ouverts pour opérer le rouissage et le
teillage de la plante textile, sont aujourd'hui pour la plu-
part en décadence.

Le Comité linier s'est ému de ces faits, et dans un do-
cument, dont il m'a été donné d'avoir connaissance, il a
cru devoir signaler au nombre des causes qui ont le plus
contribué à amener cette déplorable situation des établissements en question, les tracasseries et les vexations dont
ils ont été l'objet, — les prescriptions trop rigoureuses et
impossibles à observer, puis les dépenses inutiles et hors
de proportion avec leur valeur et leur importance, qu'une
réglementation trop sévère leur a imposées!... Selon ce
comité, l'on a exigé des routoirs pavés, bétonnés, ci-
mentés, imperméables du fond et des côtés!... Il signale
même un arrêté, en date du 4 décembre 1866, qui autorise le maire d'une commune de l'arrondissement de
Dieppe à faire combler des routoirs existant dans cette
commune, si le propriétaire ne les rend pas étanches!...

(1) 2 vol. gr. in-8, Paris, 1859, de l'Impr. imp.

Il signale enfin l'arrêté d'autorisation accordée à un industriel de Pavilly, comme renfermant des prescriptions d'une rigueur telle qu'aucun industriel, dit-il, ne peut risquer sa fortune et son travail dans une industrie soumise à de telles exigences ! ! !

Ce sont ces faits qui m'ont incité, Messieurs, à venir soumettre aujourd'hui cette question à votre attention et à vos méditations. Vous voudrez bien, en tenant compte de cette situation, excuser mon insuffisance, si je ne la traite pas d'une façon plus complète et plus parfaite.

La nomenclature des lois qui, dans les siècles précédents, portaient interdiction, sous peine d'amende et même de confiscation des produits, de procéder au rouissage du lin et du chanvre dans les eaux courantes, serait bien longue, et il est inutile de la dresser ici. Rappelons-nous seulement que le décret du 14 janvier 1815, l'ordonnance royale du 5 novembre 1826 et le décret du 31 décembre 1866 ont rangé les routoirs dans la première classe des établissements insalubres. Les législateurs ont admis qu'ils fournissent des émanations nuisibles, et qu'ils infectent les eaux. Ce sont les idées qui étaient unanimement admises autrefois.

Recherchons ce qu'elles ont de fondé.

Dès 1792, le rouissage était absous par l'Académie des Sciences, des accusations dont il était l'objet. Les commissaires de la docte assemblée déclaraient alors, après enquête, qu'il n'y avait pas lieu de s'inquiéter du rouissage à l'eau courante, et que les germes des maladies observées à l'époque correspondante étaient plutôt dus aux émanations des eaux stagnantes.

En 1829, le Dr Marc émettait une opinion conforme. Vers la même époque, Robiquet, parlant au nom d'une commission de l'Académie de Médecine, constatait que le liquide chargé des principes résultant du rouissage du

chanvre dans les routoirs à eau stagnante n'est pas ré-
ellement vénéneux, mais que cependant il est d'autant
moins salubre qu'il contient une plus grande quantité des
principes résultant de la putréfaction de la plante assu-
jettie au rouissage. Toutefois l'auteur du rapport s'em-
pressait d'ajouter que, puisque l'eau stagnante des routoirs n'est pas vénéneuse, *a fortiori*, les inconvénients
doivent s'affaiblir lorsque la masse du liquide s'accroît
pour un poids donné de la plante baignée, et qu'ils s'af-
faiblissent plus encore dans le rouissage à l'eau courante,
où à chaque instant une nouvelle portion d'eau vient remplacer celle qui s'écoule.

Malgré cela, les avis restaient partagés et la question
elle-même restait à l'étude. C'est alors que Parent-Duchâtelet résolut de l'élucider. Vous savez tous qu'il le fit
avec une persévérance, avec un courage et un dévoûment
que l'on ne peut trop admirer, lorsque, ainsi que je viens
de le faire, on relit son important et beau mémoire publié
dans le t. VII des *Annales d'hygiène publique et de médecine légale*.

Cet illustre académicien a constaté d'une façon complète, par des expériences faites sur des animaux, puis sur
lui-même, sur sa femme et ses enfants, et encore sur
d'autres personnes: 1° que l'eau dans laquelle on fait
rouir le chanvre ne contracte pas de propriétés malfai-
santes et capables de nuire à la santé de ceux qui s'en servent pour boisson; 2° que si cette eau peut faire périr les
poissons, elle ne leur est pas plus nuisible que celle dans
laquelle on laisse macérer les feuilles de peuplier ou de
saule, ou bien du foin; 3° que le chanvre et ses prépara-
tions diverses sont sans action sur l'économie animale et
en particulier sur l'économie humaine. Rappelons toutefois que les expériences ont été faites avec le *Cannabis
sativa* qui, évidemment, ne possède rien des propriétés

enivrantes si curieuses du *Cannabis-indica*; 4° et enfin que l'air chargé des émanations du chanvre assujetti au rouissage, malgré l'odeur repoussante de ces émanations, est absolument sans influence sur la santé.

En raison de l'importance de cette dernière conclusion, permettez-moi de vous citer textuellement le passage du mémoire de l'auteur qui a trait à cette constatation.

« Voilà donc, dit-il, huit personnes, un homme de qua-
« rante ans, trois femmes de vingt-quatre à quarante ans,
« une petite fille de huit ans, deux garçons de trois à
« quatre ans, et un autre de quinze mois qui peuvent
« s'exposer aux émanations du rouissage. Plusieurs d'entre
« eux s'y exposent pendant trois, quatre et cinq nuits de
« suite, je pourrais même ajouter pendant autant de
« jours, car, comme la pièce destinée aux expériences
« était mon laboratoire, je m'y suis installé pour y tra-
« vailler pendant la journée. Je dois ajouter que l'air de
« cette pièce ne se renouvelait pas, si ce n'est par le
« tuyau d'un poêle. »

Dans l'une de ses expériences, le courageux et zélé hygieniste avait accru l'infection de l'air en projetant le liquide putréfié sur des briques chaudes. « J'avoue, dit-il
« encore, n'avoir rien senti de plus infect et de plus
« pénétrant que la vapeur ainsi produite; il n'est pas de
« routoir et de masse de chanvre mise à sécher, qui lui
« soit comparable. Malgré cette accumulation de causes
« en apparence nuisibles, ni moi, ni ma femme, ni nos
« trois enfants, n'avons éprouvé la moindre altération
« dans notre santé. »

En présence de ces faits observés, et si bien constatés par Parent-Duchâtelet, le doute n'est plus permis, et nos rigueurs, Messieurs, doivent s'adoucir, lorsque nous avons à émettre notre avis sur l'établissement des routoirs. Nous devons être d'autant plus tolérants que depuis la publication du mémoire dont je viens de vous citer quelques extraits, les savants ont eu de nouvelles occasions de manifester leur opinion, et, qu'en toute circonstance, ils ont attesté l'exactitude des conclusions précédemment formulées.

Un point seulement était resté obscur dans les expériences de Parent Duchâtelet : c'est la cause de mort à laquelle les poissons sont exposés quand ils se trouvent plongés dans l'eau des routoirs. M. Malagutti, M. Girardin, moi-même en 1861 (1), nous avons vu, chacun de

(1) Je crois utile de donner ici la copie d'une lettre que j'ai adressée à M. le maire de Ganzeville, le 29 septembre 1861, relativement à l'influence exercée par les routoirs sur la santé publique. Voici cette lettre :

Monsieur le Maire,

Je me suis livré à un examen attentif de l'eau puisée sous vos yeux à la sortie de l'un des réservoirs dans lesquels M. Dutot (de Tourville) fait rouir le lin. Vos administrés considèrent cette eau qui se déverse dans la rivière au bord de laquelle est situé l'établissement de cet industriel, et les routoirs eux-mêmes, comme nuisibles à la santé publique.

C'est pour être fixé sur la valeur de cette opinion populaire que vous m'avez fait l'honneur de me demander mon avis. Je m'empresse de vous le transmettre.

M. Dutot possède cinq routoirs, mais quatre d'entre eux seulement versent immédiatement et directement leur eau dans la rivière. Les dimensions moyennes de chacun de ces routoirs ont été établies ainsi par M. Lethuillier, garde champêtre et garde de la rivière : longueur, 9 mètres ; largeur, 5 mètres ; profondeur, 1 mètre 30 ; ils offrent donc chacun une capacité moyenne de 58 mètres 500 cubes.

Selon les déclarations de M. Dutot, on fait rouir dans chacun de ces routoirs une quantité de lin qui varie entre 2,500 et 3,000 kilogrammes. En supposant (ce qui n'est pas éloigné de la vérité) que le lin travaillé déplace son poids d'eau, il en résulte que chaque routoir peut contenir (toujours en moyenne) 56 mètres ou 56,000 litres d'eau. Lorsque l'on opère l'assèchement, cette quantité d'eau passe en deux heures dans la rivière.

Une détermination approximative m'a démontré que le volume

notre côté, que cette cause réside uniquement dans la disparition de l'oxygène gazeux et libre dont le liquide est normalement saturé, lorsqu'il n'est point chargé de matières organiques susceptibles de l'absorber. Or, cet effet d'absorption se produit dans toutes les infusions végétales que l'on abandonne à la fermentation spontanée, même au contact de l'air, et il se produit tant qu'il reste une trace de matière organique susceptible de subir l'érémacausie : c'est pour cela que dans les expériences de Parent, l'infusion de foin fut aussi léthifère pour le poisson que l'était

d'eau du courant qui passe sous le second pont situé au-dessous des routoirs peut-être fixé à 105 mètres cubes par minute, ou 12,600 mètres cubes en deux heures, soit pour ce dernier laps de temps 12,600,000 litres.

De ces divers renseignements, il résulte donc que lorsque l'on vide l'eau des routoirs, et cela n'arrive que deux fois au plus chaque semaine, les 12,600 mètres cubes d'eau qui coulent normalement dans la rivière, devant les routoirs, pendant la durée de cette opération, reçoivent seulement 56 mètres cubes d'eau emportant les principes solubles et putrescibles ou putréfiés du lin. Dès lors, sur un mètre cube ou 100 litres du mélange, on doit trouver :

Eau normale de la rivière. . .   995 litres 575 ⎱
Eau du routoir   4   425 ⎰ 1,000 litres.

Mais un litre d'eau de la rivière pèse 1,000 grammes 284, et un litre de l'eau du routoir que j'ai examinée pesait 1,000 grammes 610. Il résulte donc de ceci qu'un litre du mélange contient en poids :

Eau normale de la rivière. . . .   995 grammes 858
Eau du routoir   4   428
Poids d'un litre du mélange . .   1,000 grammes 286

Ainsi, une fois ou deux au plus chaque semaine, et pendant deux heures chaque fois, l'eau de la rivière, à son passage dans l'établissement de M. Dutot, peut se trouver souillée de quatre millièmes et demi de son poids ou de son volume de l'eau des routoirs. Cette proportion est, assurément, peu considérable ; elle s'affaiblit nécessairement durant le parcours jusqu'au confluent, par suite du mélange du liquide vicié avec les eaux normales antérieurement écoulées ou s'écoulant postérieurement.

Examinons maintenant si ce mélange est susceptible d'exercer l'eau des routoirs. On le conçoit, la disparition de l'air vital amène naturellement la mort des animaux qui ne le trouvent plus à l'état libre, et en quantité suffisante dans le milieu où ils vivent: ils succombent à l'asphyxie et non à l'empoisonnement.

Dans d'autres circonstances, en 1865, j'ai eu l'occasion de renouveler mon observation, mais alors j'ai pu consta-

une influence sensible sur la santé des hommes et des animaux qui le consomment.

L'eau du routoir est colorée en jaune ; elle exhale une odeur désagréable ; elle est très manifestement acide au papier de tournesol ; elle laisse par chaque kilogramme un résidu non acide dont le poids peut être fixé en moyenne à 1 gramme 851. Ce résidu contient des matières organiques en assez forte proportion ; une trace d'albumine, une trace très sensible d'oxyde ferreux, un sel de chaux qui se précipite en combinaison avec la matière organique sous l'influence de l'ammoniaque ; une trace d'un sel ammoniacal ; une très faible proportion de chlorures alcalins et des traces peu sensibles de sulfates *mélangés de sulfures*. L'air que l'eau renferme en dissolution ne contient pas d'oxygène ou n'en contient que fort peu. *Le résidu ne possède pas de qualités vénéneuses appréciables*.

L'eau des routoirs, chez M. Dutot, comme ailleurs, peut sans doute déterminer la mort du poisson que l'on y plonge, mais cette fâcheuse qualité paraît uniquement due à l'absence de l'air respirable parmi les produits qu'elle tient en dissolution, et, lorsqu'on la mélange, en faible proportion, avec une eau fortement oxygénée, telle que l'eau des sources, des ruisseaux ou des rivières, elle n'agit jamais comme toxique sur les animaux qui vivent dans ces eaux. Or, nous venons de le voir, lorsque chez M. Dutot, le mélange des eaux infectes avec l'eau de la rivière s'opère, le mélange ne contient que 4 millièmes 1/2 au plus de l'eau infecte du routoir. Dans ces conditions, la proportion des gaz atmosphériques contenus normalement dans la rivière ne se trouve pas sensiblement modifiée, et l'on conçoit très bien que, sous ce rapport, le mélange ne puisse présenter des qualités nuisibles.

Quant aux matières fixes, leur proportion s'étant trouvée de 1 gramme 851 par kilogramme dans l'eau du routoir que j'ai examinée, l'on voit de suite que la quantité qui peut se trouver dans un litre de mélange (en sus de celle existant déjà dans l'eau de la ter que l'extrait restant après l'évaporation au bain-marie de l'eau des routoirs est douée d'une innocuité absolue , même à la dose de cinq grammes par litre, lorsqu'on le délaye dans de l'eau bien aérée, conservée à la cave et à l'abri de lumière directe du soleil. Je suis donc arrivé ainsi, à confirmer encore une fois, après d'autres observateurs, les faits attestés par Parent-Duchâtelet.

rivière) n'est que de 0 gramme 0,082, proportion assurément bien faible et que l'expérience m'a présentée comme n'exerçant pas d'action réductive sur les sels d'or à la température de l'ébullition. Ce n'est que par l'influence d'une insolation prolongée que cette action peut se faire sentir.

De tout ceci il résulte que l'introduction de l'eau des routoirs de M. Dutot dans la rivière de Ganzeville, et dans les proportions où elle s'effectue, ne peut exercer aucune influence fâcheuse sur l'hygiène et la santé des populations où des animaux qui peuvent se trouver à même de consommer le mélange accidentel qui en résulte une fois ou deux chaque semaine et pendant deux heures chaque fois.

Maintenant, M. le maire, il me reste encore à déterminer l'influence des exhalaisons des routoirs sur la santé publique. Assurément, l'odeur dégagée par ces foyers de fermentation est loin d'être agréable à l'odorat, mais tout ce qui est désagréable à l'organe olfactif n'est pas nécessairement insalubre et rien de ce qui se passe chez M. Dutot, ni dans toutes les localités du département du Nord et de la Belgique, où l'on pratique dans des conditions semblables le rouissage du lin et du chanvre, n'autorise à attribuer des qualités dangereuses à ces sortes d'émanations. Il y a plus : l'état général de la santé des nombreux ouvriers de M. Dutot, qui se trouvent plus spécialement soumis à leur influence, démontre qu'ils ne sont assujettis à aucune cause de maladie locale et spéciale.

En conséquence, et pour me résumer, je dirai en terminant : C'est à tort, M. le Maire, que vos administrés ont attribué aux routoirs de M. Dutot une action préjudiciable à leur santé, et c'est avec moins de raison encore qu'ils ont supposé que l'eau de la rivière mélangée de quelques millièmes d'eau ayant servi à rouir le lin était capable de réagir d'une manière fâcheuse sur eux ou sur leurs animaux. L'expérience du passé, qui atteste l'innocuité des influences exceptionnelles auxquelles les populations riveraines de

Déjà M. Girardin, dans son rapport sur la composition
et l'usage industriel des eaux de la Lys, avait constaté
que pendant le mois d'août, au moment où le rouissage
était en pleine vigueur, l'eau de la Lys puisée aux endroits
où elle devait être le plus profondément altérée, était fort
trouble douée d'une d'une couleur jaune ambrée et d'une
odeur fétide ; elle ne contenait cependant, *au maximum*,
par litre que 0 gr. 356 de résidu fixe dans lequel la matière organique n'entrait, aussi *au maximum*, que pour
0 gr. 058. Le liquide renfermait 44ᶜ 91 de gaz dissous,
sur lesquels l'on comptait 34ᶜ 61 d'acide carbonique.
L'azote et l'oxygène formant le complément se trouvaient
exister eux-mêmes dans le rapport suivant :

Azote. . 10ᶜ 05 ou en centièmes 97ᶜ 6
Oxygène 0 25 --- 2 4
          10 30   100 0

Ici, l'influence du rouissage est manifeste, et l'intensité
de l'absorption de l'oxygène est facile à mesurer. L'air
contenu dans les eaux courantes renferme habituellement
32 p. 100 d'oxygène, et son volume pour 1 litre de
liquide est rarement inférieur à 18 ou 20 centimètres

ces cours d'eau peuvent se trouver soumises, doit donc les rassurer
complètement pour l'avenir.

Agréez, Monsieur le Maire, etc.

Signé : Eugène MARCHAND.

Voici ce qui avait donné lieu aux plaintes dont cette lettre con-
state l'existence. Un jour, les riverains de la rivière de Ganzeville
avaient été fort étonnés de voir nager à la surface des eaux, un
grand nombre de truites mortes ou très manifestement malades ;
et, comme l'établissement de M. Dutot avait repris depuis peu sa
complète activité, ils n'hésitèrent pas à attribuer cette destruction
extraordinaire à l'eau brune échappée des routoirs. Mes analyses
et mes expériences me démontrèrent bien vite que cette opinion
n'était pas fondée ; mais, en continuant mes investigations, j'appris bientôt que le jour de l'accident, les employés d'un établissement de blanchiment de toile, situé à peu de distance au-dessus

cubes, sur lesquels on en trouve 6 à 7 de gaz comburant.

A la suite de ses analyses, M. Girardin dut répondre à cette question qui lui fut posée : Les eaux de la Lys peuvent-elles être employées aux usages domestiques, au lavage des rues, même pendant l'été?

Eh bien, Messieurs, après avoir rappelé les faits mis en lumière par ses recherches, le savant professeur n'hésita pas à répondre de cette façon :

« Si, dans ces conditions, les eaux de la Lys sont peu « propres à entretenir la vie des poissons et à servir de « boisson à l'homme, à cause de l'absence de l'oxygène « dans l'air dissous, et peut-être aussi à cause des ma- « tières organiques qui s'y trouvent, elles peuvent par- « faitement bien être utilisées à tous les usages domes- « tiques et industriels, au lavage des rues. Ce qui le « prouve, d'ailleurs, c'est qu'à Comines, et dans toutes « les agglomérations placées sur les rives de cette rivière, « *on emploie ces eaux de toutes les manières, sans aucun* « *dommage pour la santé publique.*

« C'est là un fait dont j'ai été témoin... Je puis attester « l'innocuité des eaux de la Lys pendant l'été, et cela *de* « *visu* (1). Entre autres faits que je crois devoir signaler,

des rontoirs de M. Dutot, avaient, par mégarde et contrairement à leurs habitudes, jeté dans la rivière 1 hectolitre environ de solu- tion, en partie épuisée, de chlorure de chaux. J'avais déjà eu con- naissance d'un empoisonnement des truites dans la rivière de Sainte-Gertrude, à Caudebec, opéré dans les mêmes conditions, et il devint bien évident pour moi que l'opinion publique s'était trompée dans l'appréciation des causes de l'accident dont elle ve- nait d'être le témoin; et, en effet, la communication officielle de la lettre précédente, faite par M. le maire de Gauzeville à ses ad- ministrés, fut suffisante pour ramener dans leur esprit la tranquil- lité et la sécurité. Depuis lors ils n'ont jamais renouvelé leurs plaintes ni témoigné la moindre inquiétude.

(1) Rapport inséré dans le vol. IX de la 2e série des Mém. de la Société imp. des Sciences, de l'Agriculture et des Arts utiles de Lille, année 1861.

« c'est celui de la fabrication de la bière avec l'eau de la
« Lys, à Comines et à Menin, à toutes les époques de
« l'année. » (1)

Plus loin, et comme pour donner plus de force à son
affirmation précédente, M. Girardin ajoute encore :

« Je puis donc certifier, tant par mes analyses et mes
« études des eaux de la Lys, que par le témoignage des
« habitudes suivies par toutes les populations riveraines,
« que même pendant l'été, à l'époque du rouissage, les
« eaux en question peuvent servir, *et servent en effet à*
« *tous les usages domestiques*, sans qu'il en résulte aucun
« inconvénient pour la santé publique. »

Rapprochons de cette opinion, émise par un homme
dont vous connaissez tous, Messieurs, l'honorabilité, la
science profonde et la haute valeur comme observateur,
les opinions recueillies à son tour par M. Mâreau dans
l'enquête qu'il a entreprise pour s'éclairer sur les effets
que peut produire le rouissage dans les communes où il
est le plus mis en pratique.

On lui a généralement répondu qu'on ne s'apercevait
pas qu'il y eût plus de malades à l'époque du rouissage
que dans les autres temps de l'année. Cet auteur va plus
loin : il fait connaître les réponses à cette question, trois
fois posée, dans une enquête opérée en Belgique :

Le rouissage du lin est-il insalubre?

Or, voici ces réponses :

1re : Non. Quand on rouit dans les fossés, il y a mauvaise odeur.

2e : Il exhale une mauvaise odeur, mais je né vois ni

(1) Depuis la rédaction de cette note, j'ai appris qu'à Bousbecque
(Nord), deux machines à vapeur de la force de soixante-dix che-
vaux chacune prennent les eaux de la Lys, *au milieu des établissements de Rouissage*, pour les envoyer à Roubaix et à Tourcoing,
où elles sont utilisées pour les besoins généraux de la population.
N'est-ce pas une nouvelle preuve de l'innocuité de ces eaux?

hommes, ni bestiaux malades. On fait boire aux bestiaux l'eau où l'on a roui le lin.

3° : Non, il est anti-putride, il a préservé du choléra. Le poîsson seul en souffre.

Nous voyons, Messieurs, dans cette dernière réponse, apparaître un fait nouveau : les émanations du rouissage sont anti-putrides; elles ont préservé du choléra! Cette seule affirmation serait peut-être sans grande importance, par cela même qu'elle se produit pour la première fois, et sans preuves à l'appui ; mais je la retrouve exprimée dans le passage suivant, d'une lettre adressée à M. Mâreau par le Dr Biré, médecin à Vix (Vendée) :

« Lorsqu'en ma qualité de médecin, je suis venu fixer
« mon domicile à Vix, je croyais que les émanations in-
« fectes provenant du rouissage du lin et du chanvre
« avaient une influence des plus délétères sur la santé
« des hommes, et que c'était là la cause principale des
« fièvres intermittentes qu'on remarque dans nos con-
« trées. Un examen attentif des faits depuis dix-huit an-
« nées m'a démontré que j'étais dans l'erreur : les com-
« munes de Doix, Vix, Maillé, du Gui-de-Velluire, sont
« certainement celles où se récoltent le plus de lin et de
« chanvre. Eh bien, mon expérience m'a démontré que
« les fièvres intermittentes étaient peut-être moins fré-
« quentes et assurément moins ténaces que dans les por-
« tions de marais, plus rapprochées de la mer, où l'on ne
« cultive pas le lin. L'année dernière (1849), à pareille
« époque, le choléra a sévi d'une manière bien cruelle à
« Vix ; sur 3,000 habitants, et dans l'espace d'un mois,
« 100 personnes ont succombé. Je m'attendais, à priori,
« que la portion de la population qui habite sur le bord
« des fossés où s'opérait alors le rouissage du lin et du
« chanvre, et qui boit l'eau en rapport direct avec ces
« foyers d'infection, compterait le plus de victimes ; il

« n'en a rien été : la maladie les a épargnés en plus grande
« partie et a trompé dans cette circonstance encore toutes
« les prévisions du praticien. »

Vous le voyez, Messieurs, les rouloirs envisagés dans
leurs rapports avec l'hygiène, nous apparaissent sous un as-
pect nouveau, et si j'insiste pour vous faire remarquer que
leurs émanations sont impuissantes, selon le Dr Biré, à provoquer le développement des fièvres intermittentes, c'est
pour vous dire que ce praticien est en accord parfait avec
les conclusions formulées plus tard par Parent-Duchâtelet :

« Ma femme et moi, dit celui-ci, nous avons souvent
« eu, dans notre jeunesse, des fièvres intermittentes ;
« nous ne sommes donc pas à l'abri de ces maladies. Ce-
« pendant les émanations du chanvre (assujetti au rouis-
« sage) ne les ont pas rappelées chez nous ; bien plus,
« elles ne les ont pas rappelées chez un enfant frêle et
« débile, qui n'en était délivré que depuis deux mois,
« après en avoir été tourmenté toute une saison. Elles
« n'aggravèrent pas l'état de l'ouvrière, dont la santé était
« des plus mauvaises ; elles ne nuisirent pas à sa petite
« fille, remarquable par sa délicate et frêle santé ; elles ne
« firent pas plus de mal à mon dernier fils, qui, lorsque je
« l'emmenai avec moi, était sous l'influence d'un catharre
« aigu des plus intenses, avec fièvre et toux continuelles. »

Ce fait est d'une si haute importance que, dans notre
département où les épidémies paludéennes ne s'observent
que trop souvent, il ne faut pas le perdre de vue. Il fait
voir que si l'hydrogène proto-carboné, le gaz des marais,
peut être le véhicule du miasme paludique, il n'est pas
l'agent générateur des accidents que ce miasme détermine.
Cela est vrai, car les hydrogènes carbonés se retrouvent
toujours à un certain moment de la fermentation du lin,
parmi les gaz qui s'échappent des eaux dans lesquelles s'o-
père le rouissage.

La puissance anti-septique des émanations infectes des routoirs n'a rien, à son tour, qui puisse nous étonner.

En effet, et sans nous arrêter ici à ces opinions singulières, disons mieux: si invraisemblables, et pourtant en partie confirmées aujourd'hui, mais dans tous les cas si remarquables, exposées dans leurs ouvrages par les médecins du XVIe et du XVIIe siècle (1), dans le but d'affirmer qu'un air infecté par des émanations puantes, voire même par des émanations exhalées par les corps en putréfaction, pouvait être chargé d'agents actifs, capables de détruire les miasmes générateurs des maladies épidémiques, particulièrement ceux qui occasionnent le développement de la peste, n'avons-nous pas vu, depuis 1832, durant nos diverses périodes cholériques, les équarrisseurs et les vidangeurs jouir d'une certaine immunité! N'avons-nous pas vu encore cette immunité s'étendre d'une façon bien appréciable chez les tanneurs qui, eux aussi, vivent au milieu d'amas d'eau remplis tout à la fois de matières organiques, végétales et animales, qui répandent une odeur souvent infecte. Enfin, ne sommes-nous pas les premiers à tolérer au milieu des agglomérations urbaines, les ateliers dans lesquels ces derniers ouvriers réalisent les opérations de leur industrie, parce que nous savons qu'il n'en résulte d'autre dommage pour leur voisinage que l'ennui de la respiration d'effluves désagréables.

A mon tour, Messieurs, je puis affirmer aussi que les

(1) Alexander Benedictus. Lib. *de Febre pestilentiali*, c. VI, fol. 25, Paris, 1528.

Arnault Pasquet. Les sept dialogues de *Pictorius*, traictant la manière de contregarder la santé, p. 17. Paris, 1557.

Palmarius. *De Febre pestil.* Liv. I, c. 15, p. 346. Paris, 1578.

Quercetanus. La peste recognue et combattue. L. I, c. 6, p. 149. Paris, 1608.

Ambroise Paré. OEuvres. Liv. XXIV. De la peste, c. 7, tom. III, p. 366. (Edit. Malgaigne.)

émanations infectes qui se dégagent pendant le rouissage du lin, ne sont pas préjudiciables à la santé, car j'ai pu voir plus d'une fois, pendant la grande activité du travail, en août et en septembre, les nombreux ouvriers employés dans les ateliers de M. Dutot, à Ganzeville, et de M. Beuzebosc, à Fécamp, présenter les apparences les mieux caractérisées d'une santé parfaite.

En présence de ces faits, ma conclusion est facile : je dis et j'affirme comme on l'a fait dans l'enquête belge, que le rouissage du lin n'est point insalubre : il donne lieu seulement à un dégagement de vapeurs et de gaz doués d'une odeur qui peut bien être, qui est même parfois très désagréable, mais qui s'atténue toujours lorsque l'opération est réalisée dans l'eau courante.

Dans une pareille situation, les routoirs doivent-ils être maintenus dans la première classe des établissements insalubres ? Pour ma part, je ne le pense pas ! Il me paraît, en effet, bien certain que les mauvaises odeurs, *non dangereuses à respirer*, qui se dégagent pendant le rouissage des plantes textiles, ne sont pas plus désagréables à supporter que celles qui s'échappent d'un grand nombre d'établissements classés dans la seconde catégorie. C'est pourquoi il me semble équitable de faire descendre les routoirs à côté de ceux-ci, c'est-à-dire dans une situation moins préjudiciable aux intérêts des industriels.

Cela sera d'autant plus juste que l'altération des eaux signalée par le décret du 31 décembre 1866 comme un motif au maintien des routoirs dans la première classe, ne sert plus qu'à faire inscrire les ateliers des teinturiers dans la troisième. Bien certainement, il ne viendra à la pensée de personne de considérer les produits colorés, rejetés hors de ces ateliers dans le lit des rivières, comme moins préjudiciables à la constitution et à la bonne qualité des eaux, que le sont ceux résultant du rouissage ; et

personne, non plus, n'oserait conseiller d'utiliser, pour
satisfaire aux besoins de la population, comme cela se
fait pour les eaux de la Lys, les eaux souillées par les
agents si variés, et parfois si actifs, dont les teinturiers se
débarrassent quand ils soumettent les tissus au rinçage.

Ne l'oublions pas, Messieurs, mais ma recommandation
est inutile, car parmi nous on ne l'oublie jamais, les intérêts de l'industrie doivent toujours, aujourd'hui, se con-
cilier avec ceux de la population, et, lorsque l'on se
trouve en présence d'une situation qui peut offrir quelques
désagréments sans jamais présenter de dangers, la cause
de l'industrie qui est la force vive et l'une des sources, fé-
condes de la fortune publique de notre pays, — la cause de
l'industrie doit être protégée dans les limites les plus ex-
trêmes du possible ; mais lorsque cette cause se lie intime-
ment avec celle de l'agriculture, comme cela arrive dans les
ateliers où l'on apprête le lin et le chanvre pour les trans-
former en filasse, la protection doit être encore plus effi-
cace.

En conséquence, Messieurs, j'ai l'honneur de vous prier
d'émettre avec moi le vœu que les routoirs à l'eau courante soient descendus dans la seconde classe des établissements assujettis à notre étude ; et, quoique désintéressé
dans la question, je serais heureux, si vous pensiez avec
moi, qu'à l'avenir lorsque nous nous trouverons en présence d'une demande d'autorisation à l'effet d'établir des
ateliers pareils à ceux dont je vous entretiens, nous devrons nous borner à prescrire le rouissage à l'eau courante dans des fosses mises en communication avec la
rivière par leurs parties supérieure et inférieure, sans
exiger que ces fosses soient rendues étanches par l'emploi
du pavage, du ciment ou du béton. Une exigence de cette
nature serait sans nécessité comme sans justification.

Il nous suffira de prendre des mesures pour que l'écou-

4

lement du liquide coloré et infect dans la rivière, s'accomplisse avec lenteur et régularité. Je veux dire avec une lenteur compatible avec la marche normale des opérations. Par ce moyen, nous préviendrons l'action trop brusque sur les poissons, qui pourraient en subir l'effet meurtrier, des eaux saturées de gaz désoxygénés, si ces eaux étaient déversées en masses un peu volumineuses. Il est indispensable, en effet, que le déversement s'accomplisse par une rigole à section un peu étroite, afin que le mélange du liquide coloré avec l'eau limpide s'accomplisse facilement et avec rapidité : c'est là notre sauvegarde contre le dépeuplement possible de nos rivières.

Il nous suffira enfin de proscrire le rouissage à l'eau stagnante, à cause de l'odeur infecte qu'il répand toujours, et parce qu'il n'y a plus de raisons, dans notre département, d'y avoir recours. Nous devrons aussi proscrire le rouissage dans le lit même de nos rivières, parce qu'il pourrait devenir préjudiciable à la conservation du poisson, et aussi parce que la configuration de nos vallées permet de creuser partout dans le sol de nos prairies, les fosses à routoir, parallèlement au lit des courants. Cela se peut d'autant mieux que le rouissage donne ses meilleurs produits lorsqu'il s'opère dans une eau dont le renouvellement s'accomplit avec une grande lenteur. D'ailleurs, lorsque l'on veut opérer dans le cours d'eau lui-même, l'on est obligé de combattre la rapidité de son écoulement par des dispositions spéciales qui ramènent les ballons soumis au travail, aux conditions normales d'un rouissage opéré dans les conditions que je vous demande d'imposer à l'avenir.

Fécamp, 12 juillet 1869.

Eugène MARCHAND.

Délibération du Comité Linier.

Le Comité linier du département de la Seine-Inférieure a pris la délibération suivante dans sa séance du 29 septembre 1869 :

Le Comité linier de la Seine-Inférieure, dont le siége est à Rouen, désirant accroître le nombre de ses adhérents et surtout voir l'agriculture prendre la place qui lui appartient dans la marche et la direction de ses travaux, a décidé :

Qu'en dehors des membres fondateurs du Comité dont la cotisation annuelle reste fixée à 50 fr., il admettrait, comme membres du Comité, à la cotisation annuelle de 10 fr., toutes les personnes qui se feraient présenter.

Ces nouveaux membres seront convoqués à toutes les réunions, prendront part aux délibérations et aux votes et pourront faire partie de toutes les Commissions.

Ils recevront toutes les publications faites par le Comité linier.

Les demandes d'admission devront être adressées au président du Comité linier, hôtel des Sociétés savantes, rue Saint-Lô, 40.

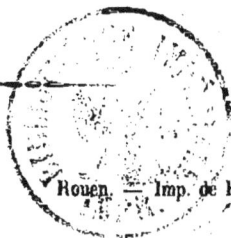

Rouen. — Imp. de H. Boissel.

www.ingramcontent.com/pod-product-compliance
Lightning Source LLC
Chambersburg PA
CBHW070917210326
41521CB00010B/2224